儿童趣味百科

英国数学真简单团队/编著　华云鹏　刘舒宁/译

DK儿童数学分级阅读 第二辑

进阶挑战

数学真简单！

电子工业出版社·

Publishing House of Electronics Industry

北京·BEIJING

Original Title: Maths—No Problem! Extra Challenges, Ages 5−7 (Key Stage 1)
Copyright © Maths—No Problem!, 2022
A Penguin Random House Company

版权贸易合同登记号　图字：01-2024-1630

图书在版编目（CIP）数据

DK儿童数学分级阅读. 第二辑. 进阶挑战 / 英国数学真简单团队编著；华云鹏，刘舒宁译. −−北京：电子工业出版社，2024.5
ISBN 978−7−121−47659−4

Ⅰ．①D… Ⅱ．①英… ②华… ③刘… Ⅲ．①数学—儿童读物 Ⅳ．①O1−49

中国国家版本馆CIP数据核字（2024）第070438号

出版社感谢以下作者和顾问：Andy Psarianos, Judy Hornigold, Adam Gifford和Anne Hermanson博士。
已获Colophon Foundry的许可使用Castledown字体。

责任编辑：董子晔
印　　刷：鸿博昊天科技有限公司
装　　订：鸿博昊天科技有限公司
出版发行：电子工业出版社
　　　　　北京市海淀区万寿路173信箱　　邮编：100036
开　　本：889×1194　1/16　印张：18　　字数：303千字
版　　次：2024年5月第1版
印　　次：2024年11月第2次印刷
定　　价：128.00元（全6册）

www.dk.com

目 录

鲁比　　艾略特　　阿米拉　　查尔斯　　露露　　萨姆　　奥克　　霍莉　　拉维　　艾玛　　雅各布　　汉娜

比较两位数的大小

准 备

艾玛用 2 , 1 , 3 组成了三个两位数。

21
32
23

比一比，哪个数最小？

举 例

十位	个位
2	1

十位	个位
3	2

十位	个位
2	3

3个十大于2个十。

32大于21，32 > 21。

32大于23，32 > 23。

32是最大的数。

23大于21，23 > 21。

21是最小的数。

十位上的数字相同时，
再比较个位上的数字。

1 用 [4] ，[3] ，[5] 组成：

(1) 最大的两位数 ☐

(2) 最小的两位数 ☐

2 用 [8] ，[4] ，[6] 组成两个不同的两位数，再将数字填入空格。

☐ < ☐

你还知道其他答案吗？

3 用 [7] ，[5] ，[6] 组成六个不同的两位数，把组成的数按从大到小的顺序排列。

☐ ，☐ ，☐ ，☐ ，☐ ，☐

4 (1) 将以下数字填入合适的位置。

59, 72, 63, 54, 85, 77

☐ ☐ ☐ ☐ ☐ ☐

50　　　　60　　　　70　　　　80　　　　90

(2) 比一比，用>或<填空。

63 ☐ 59　　　　77 ☐ 85

54 ☐ 72　　　　72 ☐ 77

进位加法

准 备

有26个小朋友加入了体育俱乐部，有37个小朋友加入了美术俱乐部。
那么，共有多少小朋友加入了俱乐部呢？

举 例

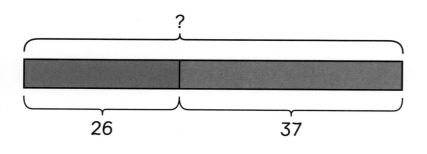

$$^{1}2 \quad 6$$
$$+ \quad 3 \quad 7$$
$$\overline{\qquad 3}$$

$$^{1}2 \quad 6$$
$$+ \quad 3 \quad 7$$
$$\overline{6 \quad 3}$$

先加个位

再加十位

26 + 37 = 63

共有63个小朋友加入了俱乐部。

1 查尔斯周一读了37页书，周二又读了45页书。算一算，查尔斯这两天一共读了多少页书？

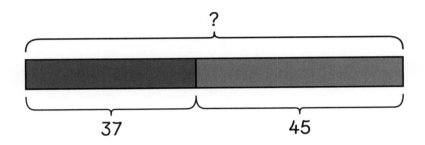

查尔斯这两天一共读了 ☐ 页书。

2 一班的教室里有56本书，二班的教室里有39本书。这两个班的教室里共有多少本书？

这两个班的教室里共有 ☐ 本书。

退位减法

准 备

火车上有53名乘客。火车到站后，有28名乘客下车。现在火车上还有多少名乘客呢？

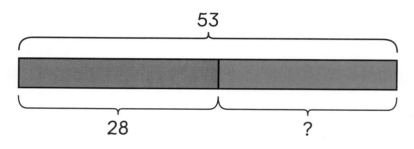

举 例

$$\begin{array}{r} {}^4\!\!\!\not5\ {}^{13}\!\!\!\not3 \\ -\ 2\ \ 8 \\ \hline 5 \end{array} \qquad \begin{array}{r} {}^4\!\!\!\not5\ {}^{13}\!\!\!\not3 \\ -\ 2\ \ 8 \\ \hline 2\ \ 5 \end{array}$$

个位不够减，从十位借"1"，再个位相减。

十位相减。

$53 - 28 = 25$

火车上还有25名乘客。

1 有63个小朋友在走廊里玩耍，后来37个小朋友回到了教室。请你想一想，现在走廊里还有多少个小朋友呢？

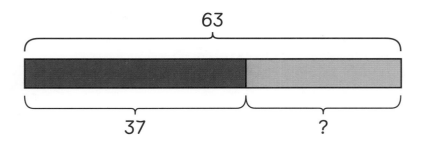

走廊里还有 ☐ 个小朋友。

2 82个小朋友进行长跑比赛。一小时后，48个小朋友到达了终点。算一算，还有多少个小朋友没到达终点？

还有 ☐ 个小朋友没到达终点。

乘法

准备

霍莉制作1朵花用了15厘米彩带，

那她制作3朵花需要多少厘米的彩带呢？

举例

制作1朵花需要15厘米彩带，一共要制作3朵花。

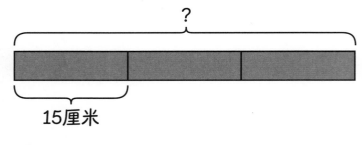

$10 \times 3 = 30$，
$5 \times 3 = 15$。

 的方法：

$15 + 15 + 15 = 45$

 的方法：

$15 \times 3 = 45$

霍莉制作3朵花需要45厘米彩带。

你更喜欢谁的方法？如果要计算制作10朵花所需要的彩带长度，用哪种方法更好呢？

1 鲁比将10根等长的吸管排成一条直线，每根吸管的长度是8厘米。请问这10根吸管的总长度是多少厘米？

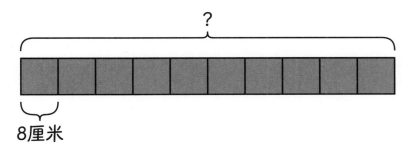

？

8厘米

这10根吸管的总长度是 ☐ 厘米。

2 艾玛将同等厚度的9本书竖直地堆成一摞，每本书的厚度是5厘米。请问这9本书的总高度是多少厘米？

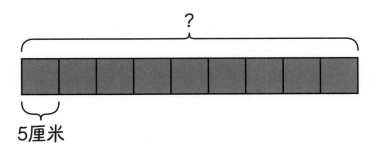

？

5厘米

这9本书的总高度是 ☐ 厘米。

3 萨姆将一张纸条剪成等长的5段，每一段的长度是7厘米。请问这张纸条原本的长度是多少厘米？

这张纸条原本的长度是 ☐ 厘米。

除法

准 备

　　一位农民伯伯用5块等长的木板修建了一道10米长的篱笆。算一算，每块木板的长度是多少米？

举 例

用乘法还是除法计算呢？

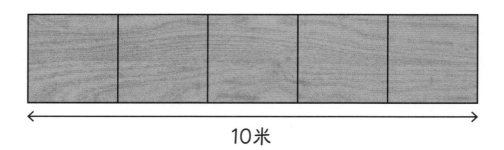

10米

10 ÷ 5 = 2

每块木板的长度是2米。

2 + 2 + 2 + 2 + 2 = 10。

使用乘法计算，核对答案吧。

算一算。

1 鲁比制作一条裙子需要2米长的布料，请问她用14米长的布料可以制作多少条裙子？

2米

鲁比可以制作 ☐ 条裙子。

2 将10个等大的包装盒竖直堆起来，总高度是40厘米。请问每个包装盒的高度是多少厘米？

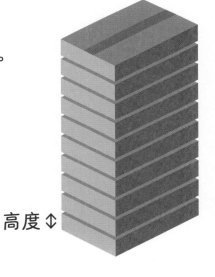

高度⇕

每个包装盒的高度是 ☐ 厘米。

3 露露用一条15厘米长的管子做成了一个三角形，已知这个三角形的三条边都相等。请问这个三角形每条边的长度是多少厘米？

每条边的长度是 ☐ 厘米。

象形统计图和统计表

准 备

这个象形统计图表示二班的小朋友们参加各个课外俱乐部的情况。

数一数，每个俱乐部里分别有多少个小朋友？

▲ ▲ ▲ ▲	▲ ▲ ▲ ▲ ▲	▲	▲ ▲ ▲
象棋	烹饪	卡牌	美术
每个 ▲ 代表两个小朋友			

举 例

我们可以用 ▲ 来代表多个小朋友。

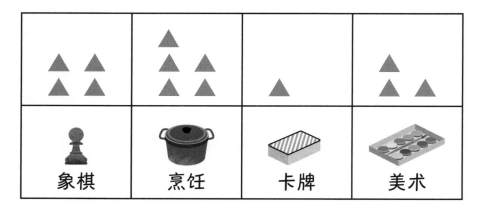

俱乐部	小朋友的数量
象棋	8
烹饪	10
卡牌	2
美术	6

每个 ▲ 代表 2个小朋友。

1 这个统计图表示三个小朋友在比赛中获得的奖品数量。看一看，填一填。

(1) 拉维获得了 ☐ 个奖品。

(2) ☐ 获得的奖品最多。

(3) ☐ 获得的奖品最少。

(4) 这三个小朋友一共获得了 ☐ 个奖品。

奖品数量

拉维	露露	查尔斯

每个 ● 代表2个奖品。

2 一群小朋友进行投票，每人选出一种他们最爱吃的食物，投票结果如下图所示。

小朋友们最爱吃的食物

烧鸡	
芝士三明治	
豆子吐司	
鱼条	
意式千层面	

每个 ◯ 代表2个小朋友。

(1) 最受欢迎的食物是 ☐ 。

(2) 最不受欢迎的食物是 ☐ 。

(3) 喜欢意式千层面的小朋友比喜欢豆子吐司的小朋友多 ☐ 个。

(4) 一共有 ☐ 个小朋友参加了投票。

象形统计图、计数符号图表和统计表

准 备

阿米拉制作了一个计数符号图表来表示她班里各类图书的数量。

计数符号图表

	漫画	||||| |||||
	绘本	||||| ||||| |||||
	科普图书	||||| ||||| ||||| ||||| |||||
	小说	||||| ||||| ||||| ||||| ||||| ||||| ||||| |||||

你还有其他方法来表示各类图书的数量吗?

举 例

雅各布利用以上图表中的信息制成了这个象形统计图。

	漫画	▲ ▲
	绘本	▲ ▲ ▲
	科普图书	▲ ▲ ▲ ▲ ▲
	小说	▲ ▲ ▲ ▲ ▲ ▲ ▲
每个 ▲ 代表5本书。		

我用 ▲ 代表5本书。

1 一家餐馆出售西红柿沙拉、鸡肉沙拉和芝士沙拉。下图表示一周内卖出的每种沙拉的数量。看一看，填一填。

(1) 这家餐馆一周内卖出了 ☐ 份西红柿沙拉。

(2) 这家餐馆卖出的芝士沙拉比鸡肉沙拉少 ☐ 份。

(3) 这家餐馆一共卖出了 ☐ 份沙拉。

卖出的沙拉数量

西红柿	鸡肉	芝士

每个 ⬭ 代表5份沙拉。

2 四个小朋友收集弹珠，下图表示每个小朋友拥有的弹珠数量。看一看，填一填。

弹珠数量

查尔斯	⬤⬤⬤⬤⬤⬤⬤
霍莉	⬤⬤⬤⬤
阿米拉	⬤⬤⬤⬤⬤⬤⬤⬤⬤⬤
萨姆	⬤⬤⬤⬤⬤⬤⬤

每个 ⬤ 代表5个弹珠。

(1) ☐ 的弹珠最多。

(2) 阿米拉的弹珠比萨姆多 ☐ 个。

(3) 霍莉的弹珠比查尔斯少 ☐ 个。

(4) 查尔斯和萨姆一共有 ☐ 个弹珠。

不同的象形统计图和统计表

准 备

这个象形统计图表示去年每个小朋友所读图书的数量。

😊	萨姆	📘📘📘📘📘
🤓	查尔斯	📘📘📘📘📘📘📘📘
😁	拉维	📘📘📘
😄	艾略特	📘📘📘📘📘📘📘
	每个 📘 代表10本书。	

你能提出什么数学问题呢？

举 例

比一比每个小朋友所读图书的数量。

艾略特读了多少本书？

$7 \times 10 = 70$

艾略特读了70本书。

谁读的书最多？

查尔斯读了80本书。

查尔斯读的书最多。

查尔斯比艾略特多读了多少本书？

$80 - 70 = 10$

查尔斯比艾略特多读了10本书。

最多的图书数量与最少的图书数量之间相差多少？

$8 \times 10 = 80。$

查尔斯读的书最多。

拉维读的书最少。

$80 - 40 = 40$

查尔斯和拉维所读图书数量的差是40，查尔斯比拉维多读了40本书。

小朋友们一共读了多少本书？

$5 + 8 + 4 + 7 = 24$

$24 × 10 = 240$

小朋友们一共读了240本书。

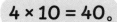
$4 × 10 = 40$。

练 习

下图表示每年里养宠物的学生数量。看一看，回答以下问题。

养宠物的学生

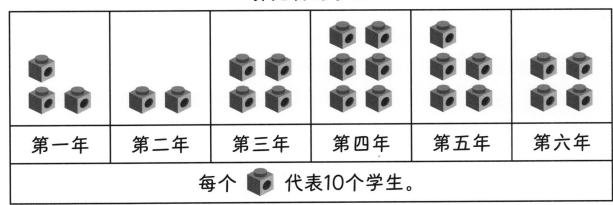

第一年	第二年	第三年	第四年	第五年	第六年

每个 代表10个学生。

1 第三年有多少个学生养宠物？

2 哪一年养宠物的学生最少？

3 在这六年里，养宠物最多的学生数量与养宠物最少的学生数量
之间相差多少？

4 这六年养宠物的学生一共有多少个？

比较分数的大小

准 备

拉维和汉娜正在吃薄饼。

我把我的饼平均分成了三份。

我把我的饼平均分成了四份。

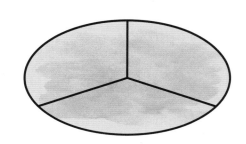 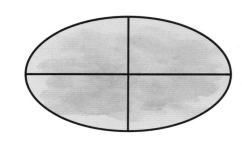

拉维和汉娜各自拿了自己的一块饼。他们拿的饼是一样大的吗？

举 例

$\frac{1}{3}$

$\frac{1}{4}$

$\frac{1}{3}$ 大于 $\frac{1}{4}$

$\frac{1}{3} > \frac{1}{4}$

拉维拿的饼比汉娜拿的饼大。

1 比一比，用>或<填空。

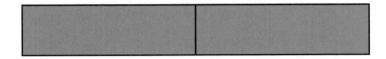

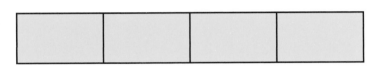

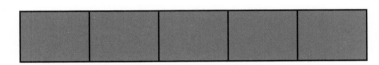

(1) $\dfrac{1}{3}$ ☐ $\dfrac{1}{5}$ (2) $\dfrac{1}{5}$ ☐ $\dfrac{1}{4}$

(3) $\dfrac{3}{4}$ ☐ $\dfrac{2}{3}$ (4) $\dfrac{2}{3}$ ☐ $\dfrac{4}{5}$

 2 把下列四个分数按照从小到大的顺序排列。

$$\dfrac{3}{4} \quad , \quad \dfrac{1}{3} \quad , \quad \dfrac{3}{5} \quad , \quad \dfrac{2}{3}$$

☐ , ☐ , ☐ , ☐

分数与整数

露露将12片腊肠的 $\frac{1}{4}$ 放到了比萨上。

露露放了多少片腊肠到比萨上？

举 例

$12 = 4 \times 3$。

12的 $\frac{1}{4}$ 是3，

露露放了3片腊肠到比萨上。

1 艾略特有20包足球卡片，他打开了其中的 $\frac{1}{4}$ 。

算一算，艾略特打开了多少包足球卡片？

20的 $\frac{1}{4}$ 是 ⬚ ，

艾略特打开了 ⬚ 包足球卡片。

2 18个小朋友正在读书，

其中有 $\frac{1}{3}$ 的小朋友正在阅读科普图书。

有多少小朋友正在阅读科普图书？

⬚ 个小朋友正在阅读科普图书。

3 艾玛烘焙了24块曲奇。

$\frac{1}{4}$ 的曲奇中添加了巧克力屑，

$\frac{1}{3}$ 的曲奇中添加了核桃，

剩下的曲奇都是原味的。

(1) 添加了巧克力屑的曲奇有多少块？ ⬚

(2) 添加了核桃的曲奇有多少块？ ⬚

(3) 原味曲奇有多少块？ ⬚

分数与度量

准 备

拉维包装一个礼物用了包装纸的 $\frac{1}{4}$ 。

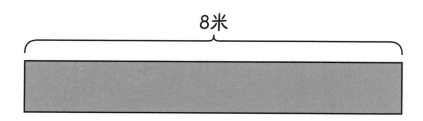

拉维用了多少米的包装纸？

举 例

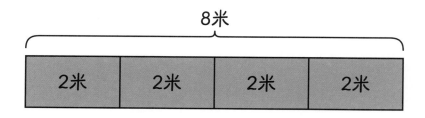

8米的 $\frac{1}{4}$ = 2米

拉维用了2米的包装纸。

鲁比将鱼线的 $\frac{1}{4}$ 系到了鱼竿上，这根鱼线长40米。鲁比将多少米的鱼线系到了鱼竿上？

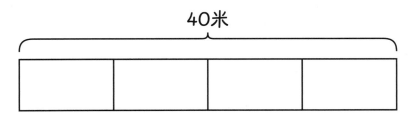

40米

40米的 $\frac{1}{4}$ = [ ] 米

鲁比将 [ ] 米的鱼线系到了鱼竿上。

艾略特的妈妈用了墙纸的 $\frac{1}{3}$ 来装饰墙壁，这卷墙纸的长度是15米。请问艾略特的妈妈用了多少米墙纸？

15米的 $\frac{1}{3}$ = [ ] 米

艾略特的妈妈用了 [ ] 米墙纸。

质量的计算

准 备

这袋爆米花的质量是32克，这袋花生比爆米花重68克。请问这袋花生的质量是多少克？

举 例

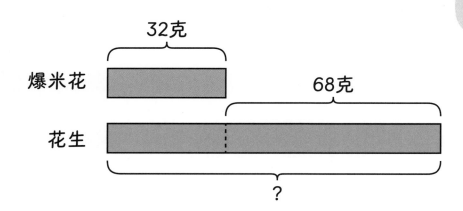

画一画，看一看。

32 + 68 = 100

这袋花生的质量是100克。

算一算。

1 一个杂耍球的质量是86克，它比一个网球重28克。
一个网球的质量是多少克？

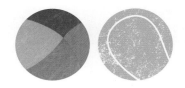

一个网球的质量是 ☐ 克。

2 看看下图中的电子秤，算出一个菠萝的质量。

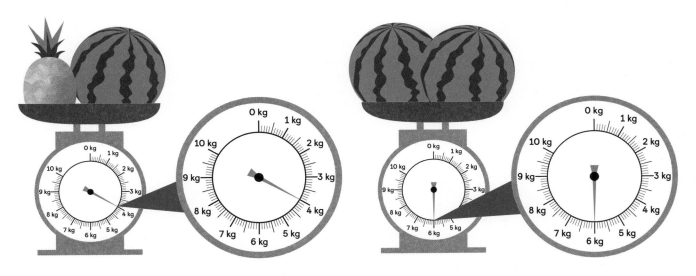

一个菠萝的质量是 ☐ 千克。

比较三个物体的质量

准 备

比一比这三种小动物的质量，你能提出什么数学问题呢？

34千克　　　　　28千克　　　　　32千克

举 例

 比 重多少千克？

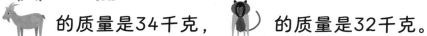 的质量是34千克， 的质量是32千克。

34 - 32 = 2

 比 重2千克。

 比 轻多少千克？

 的质量是28千克， 的质量是32千克。

32 - 28 = 4

 比 轻4千克。

哪一种小动物最轻？哪一种小动物最重？

 28千克　　　 32千克　　　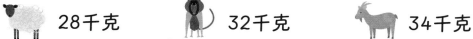 34千克

 是最轻的，　　　是最重的。

看一看，填一填。

1 (1) 的质量是 ☐ 千克。

(2) 的质量是 ☐ 千克。

(3) 的质量是 ☐ 千克。

(4) ☐ 是最轻的。

(5) ☐ 是最重的。

2

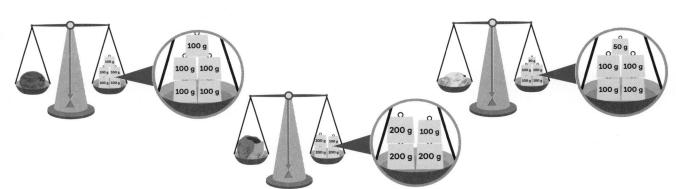

(1) 一个椰子的质量是 ☐ 克。

(2) 一个芒果的质量是 ☐ 克。

(3) 一个大头菜的质量是 ☐ 克。

(4) ☐ 是最轻的。

(5) ☐ 是最重的。

对称轴

准 备

艾略特画出了以下图形。

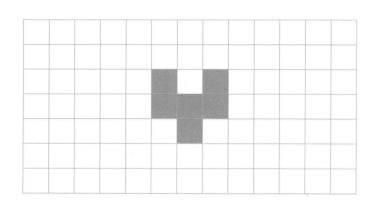

这个图形是轴对称图形吗？

举 例

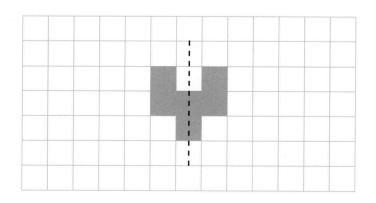

这个图形是轴对称图形，它有一个对称轴。

把这个图形沿着对称轴对折后，两部分能完全重合。

1 画出以下每个图形的对称轴。

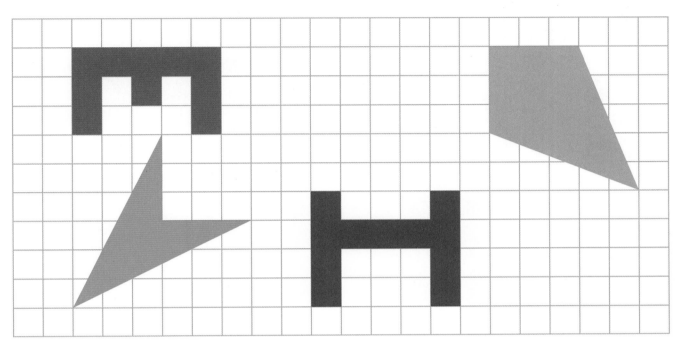

2 画出两个图形，要求每个图形有六条边且至少有一条对称轴。

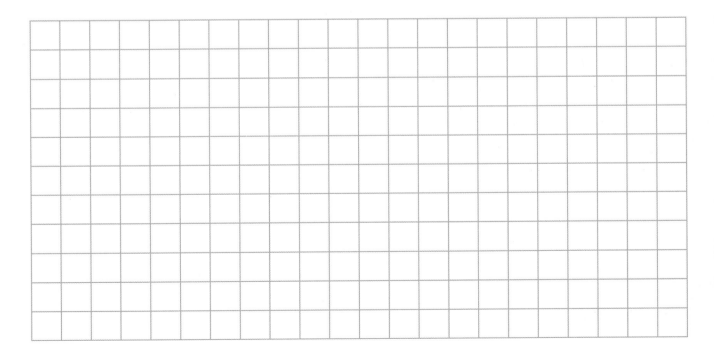

金钱的计算（一）

准 备

 攒了49元。

 比 少攒了6元。

他们两人一共攒了多少元？

举 例

 6

49 − 6 = 43

 攒了43元。

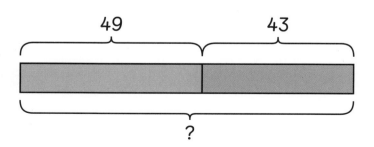

49 + 43 = 92

 和 一共攒了92元。

1 一个小汽车玩具的价格是18元，一个玩偶的价格比一个小汽车玩具贵15元。请问一个玩偶的价格是多少元？

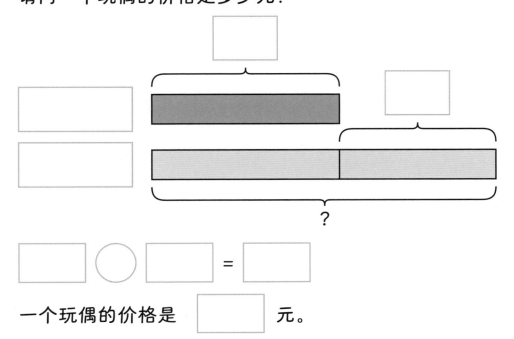

一个玩偶的价格是 ⬚ 元。

2 一条裙子的价格是39元，它比一顶帽子的价格贵10元。

(1) 一顶帽子的价格是多少元？

一顶帽子的价格是 ⬚ 元。

(2) 一条裙子和一顶帽子的总价是多少元？

一条裙子和一顶帽子的总价是 ⬚ 元。

金钱的计算（二）

 ¥30  ¥30  ¥15  ¥15

两个汉堡和两杯奶昔的总价是多少元？

举 例

两个汉堡的价格是60元。

两杯奶昔的价格是30元。

两个汉堡和两杯奶昔的总价是90元。

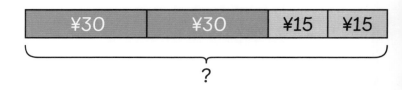

| ¥30 | ¥30 | ¥15 | ¥15 |

?

练 习

1 艾略特周一攒了10元，周二攒了5元，周三又攒了7元。

(1) 艾略特周一和周二共攒了多少钱？

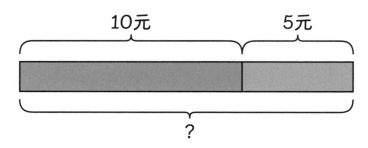

10元　　　5元

?

10 + 5 = ⬜

艾略特周一和周二共攒了 ⬜ 元。

(2) 艾略特这三天共攒了多少钱?

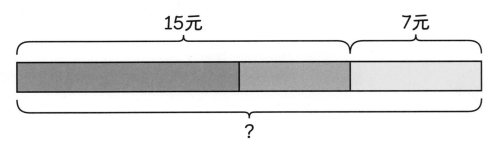

15 + 7 = ☐

艾略特这三天共攒了 ☐ 元。

2 露露有52元,阿米拉的钱比露露少19元。露露和阿米拉共有多少元?

露露和阿米拉共有 ☐ 元。

找零

准备

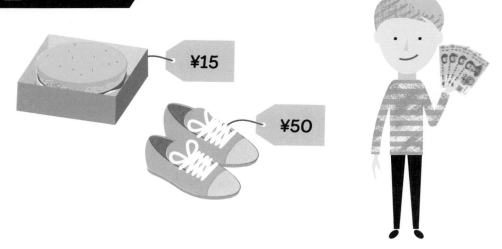

¥15

¥50

萨姆买完这两个商品之后，收银员应该找萨姆多少钱？

举例

萨姆有四张  。

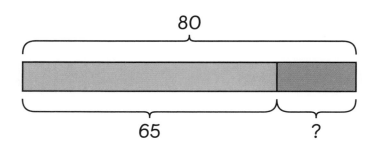

80

65 ?

萨姆花了65元，

80 − 65 = 15。

我有80元。

我收到找零15元。

36

1 阿米拉有100元，她买了一件42元的大衣、一条13元的项链和一个22元的书包。算一算，阿米拉还剩多少元？

阿米拉还剩 ☐ 元。

2 查尔斯买了一个 和一个  。

他付给收银员 后，收到了 的找零。

一个 的价格是多少元？

一个  的价格是 元。

时间段的计算

准备

这段路程花了多长时间?

举例

 2小时 →  30分钟 →

2小时 + 30分钟

这段路程花了2小时30分钟。

将小时和分钟相加。

1 看一看，填一填。

(1) 露露下午进行了两项活动。

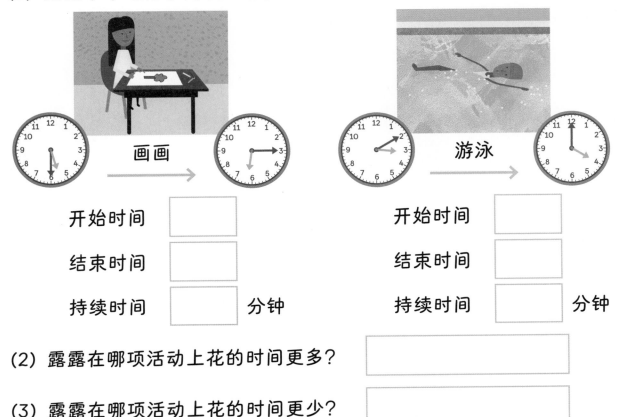

开始时间 ☐

结束时间 ☐

持续时间 ☐ 分钟

开始时间 ☐

结束时间 ☐

持续时间 ☐ 分钟

(2) 露露在哪项活动上花的时间更多？ ☐

(3) 露露在哪项活动上花的时间更少？ ☐

2 下图表示的是三个小伙伴昨天下午写完作业时的时间。

露露

艾玛

查尔斯

(1) 露露花了40分钟写作业，她从 ☐ 开始写的。

(2) 艾玛比露露多花了20分钟写作业，艾玛从 ☐ 开始写的。

(3) 查尔斯从5:50开始写作业，那么他花了多长时间写作业？

查尔斯花了 ☐ 写作业。

温度的读写与比较

准 备

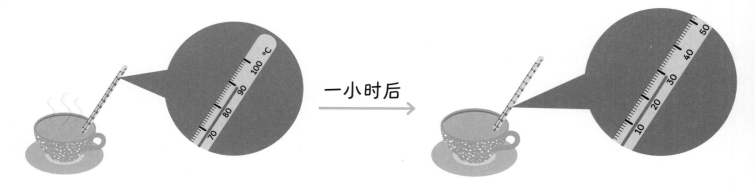

一小时后

汉娜测量了这杯茶刚沏好时的温度。

一小时后，她又测量了一次这杯茶的温度。

请问这两次的温度差是多少？

举 例

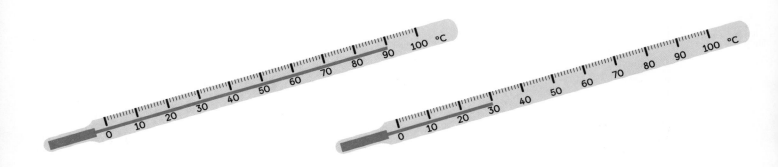

起初，茶的温度是90℃。

一小时后，茶的温度是30℃。

90 − 30 = 60

这两次的温度差是60℃。

根据温度计读出这两杯咖啡的温度，算一算它们的温度差。

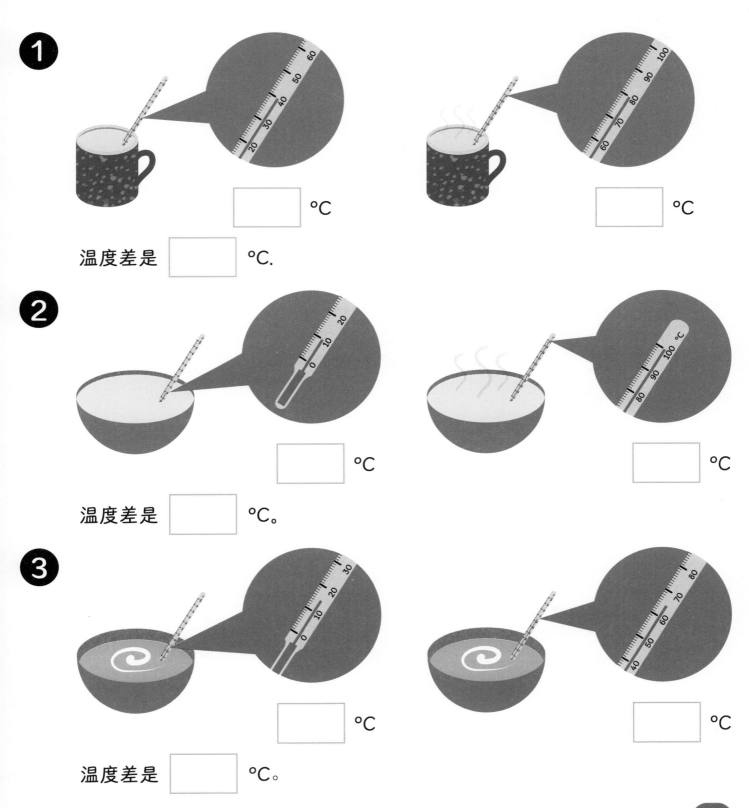

1

□ °C

□ °C

温度差是 □ °C.

2

□ °C

□ °C

温度差是 □ °C。

3

□ °C

□ °C

温度差是 □ °C。

文字应用题

准 备

　　起初鲁比有一些足球卡片，她送给朋友15张，之后又买了20张。现在，她有80张足球卡片。请问鲁比起初有多少张足球卡片？

举 例

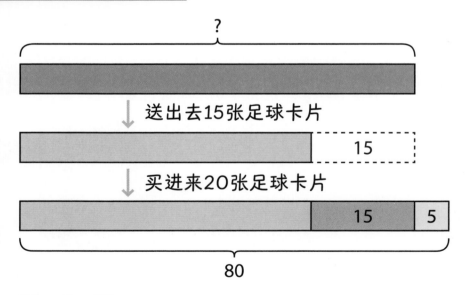

80 − 5 = 75

鲁比起初有75张足球卡片。

1 一袋土豆和一袋胡萝卜的总质量是18千克，一袋土豆比一袋胡萝卜重8千克。请问一袋胡萝卜的质量是多少千克？

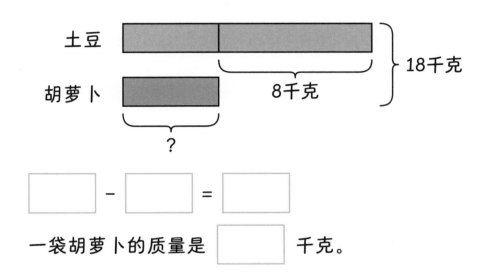

$$\boxed{} - \boxed{} = \boxed{}$$

一袋胡萝卜的质量是 $\boxed{}$ 千克。

2

滑板和踏板车的总质量是14千克，踏板车和自行车的总质量是18千克，滑板比踏板车轻2千克。请分别写出它们的质量。

 $\boxed{}$ 千克 $\boxed{}$ 千克 $\boxed{}$ 千克

容积的测量和比较

准 备

萨姆对玻璃杯里的水和纸杯里的水的体积进行了比较。

举 例

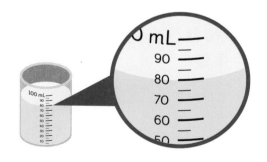

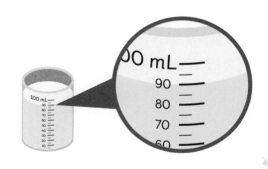

90 − 80 = 10。

玻璃杯里的水的体积是80毫升。

纸杯里的水的体积是90毫升。

两者的体积差是10毫升。

练 习

读出每个烧杯中水的体积，算一算它们的差是多少。

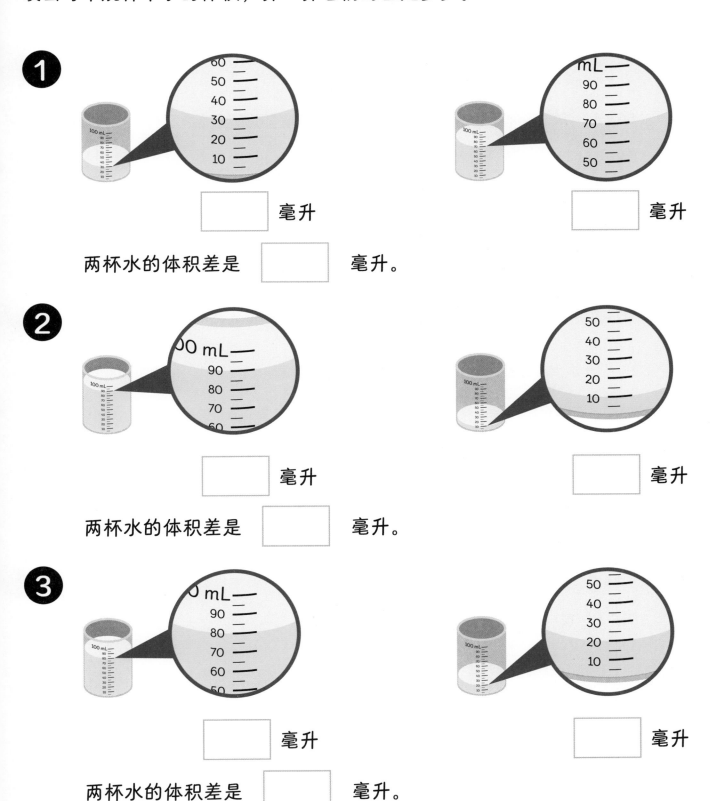

1

[   ] 毫升

[   ] 毫升

两杯水的体积差是 [   ] 毫升。

2

[   ] 毫升

[   ] 毫升

两杯水的体积差是 [   ] 毫升。

3

[   ] 毫升

[   ] 毫升

两杯水的体积差是 [   ] 毫升。

参考答案

第 5 页　　1 (1) 54 (2) 34　2 答案不唯一。　3 76, 75, 67, 65, 57, 56
　　　　　　4 (1) 54, 59, 63, 72, 77, 85 (2) 63 > 59, 77 < 85, 54 < 72, 72 < 77

第 7 页　　1 (1) 37 + 45 = 82，查尔斯这两天一共读了82页书。

　　　　　　2 56 + 39 = 95，这两个班的教室里共有95本书。

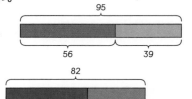

第 9 页　　1 63 − 37 = 26，走廊里还有26个小朋友。

　　　　　　2 82 − 48 = 34，还有34个小朋友没到达终点。

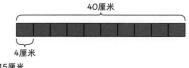

第 11 页　　1 8 × 10 = 80，这10根吸管的总长度是80厘米。
　　　　　　2 5 × 9 = 45，这9本书的总高度是45厘米。
　　　　　　3 5 × 7 = 35，这张纸条原本的长度是35厘米。

第 13 页　　1 14 ÷ 2 = 7，鲁比可以制作7条裙子。
　　　　　　2 40 ÷ 10 = 4，每个包装盒的高度是4厘米。

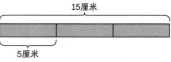

　　　　　　3 15 ÷ 3 = 5，每条边长5厘米。

第 15 页　　1 (1) 拉维获得了12个奖品。 (2) 拉维获得的奖品最多。 (3) 露露获得的奖品最少。 (4) 这三个小朋友一共获得了28个奖品。

　　　　　　2 (1) 最受欢迎的食物是意式千层面。 (2) 最不受欢迎的食物是芝士三明治。 (3) 喜欢意式千层面的小朋友比喜欢豆子吐司的小朋友多8个。 (4) 一共有62个小朋友参加了投票。

第 17 页　　1 (1) 这家餐馆一周内卖出了50份西红柿沙拉。 (2) 这家餐馆卖出的芝士沙拉比鸡肉沙拉少5份。 (3) 这家餐馆一共卖出了105份沙拉。
　　　　　　2 (1) 阿米拉的弹珠最多。 (2) 阿米拉的弹珠比萨姆多10个。 (3) 霍莉的弹珠比查尔斯少10个。 (4) 查尔斯和萨姆一共有75个弹珠。

第 19 页　　1 40　2 第二年　3 40　4 240

第 21 页　　1 (1) $\frac{1}{3} > \frac{1}{5}$ (2) $\frac{1}{5} < \frac{1}{4}$ (3) $\frac{3}{4} > \frac{2}{3}$ (4) $\frac{2}{3} < \frac{4}{5}$　2 $\frac{1}{3}$, $\frac{3}{5}$, $\frac{2}{3}$, $\frac{3}{4}$

第 23 页　　1

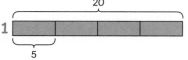

$20 ÷ 4 = 5$

20 的 $\frac{1}{4}$ 是 5

艾略特打开了5包足球卡片。

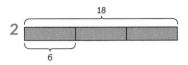

2

$18 ÷ 3 = 6$

6个小朋友正在阅读科普图书。

3 (1) $24 ÷ 4 = 6$ 24的 $\frac{1}{4}$ 是 6   添加了巧克力屑的曲奇有6块。

(2) $24 ÷ 3 = 8$ 24的 $\frac{1}{3}$ 是 8   添加了核桃的曲奇有8块。

(3) $6 + 8 = 14$ $24 – 14 = 10$ 原味曲奇有10块。

第 25 页   **1** (1) 40 米的 $\frac{1}{4} = 10$ 米。鲁比将10米的鱼线系到了鱼竿上。

2 15 米的 $\frac{1}{3} = 5$ 米. 艾略特的妈妈用了5米墙纸。

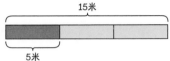

第 27 页   **1**

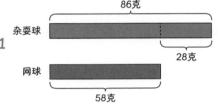

$86 – 28 = 58$

一个网球的质量是58克。

2 $6 ÷ 2 = 3, 4 – 3 = 1$，一个菠萝的质量是1千克。

第 29 页   **1** (1) 的质量是1千克。 (2) 的质量是4千克。 (3) 的质量是2千克。

(4) 面粉是最轻的。 (5) 大米是最重的。   **2** (1) 一个椰子的质量是500克。 (2) 一个芒果的质量是450克。 (3) 一个大头菜的质量是700克。 (4) 芒果是最轻的。 (5) 大头菜是最重的。

第 31 页   **1**

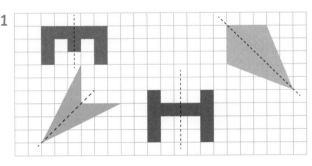

2 答案不唯一。

第 33 页   **1** $18 + 15 = 33$，一个玩偶的价格是33元。

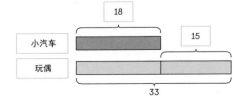

2 (1)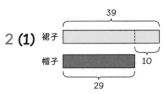

39 − 10 = 29
一顶帽子的价格是29元。

(2)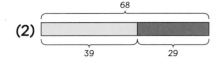

39 + 29 = 68
一条裙子和一顶帽子的总价是68元。

第 34 页   **1 (1)** 10 + 5 = 15，艾略特周一和周二共攒了15元。

第 35 页   **(2)** 15 + 7 = 22，艾略特这三天共攒了22元。

2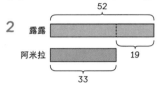

52 − 19 = 33

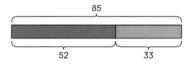

52 + 33 = 85，露露和阿米拉共有85元。

第 37 页   **1** 42 + 13 + 22 = 77

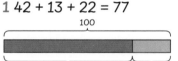

100 − 77 = 23

阿米拉还剩23元。

2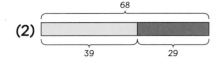

9 + 5 = 14
50 − 14 = 36

一个挎包的价格是36元。

第 39 页   **1 (1)** 画画 开始时间: 5:30, 结束时间: 6:15, 持续时间: 45分钟; 游泳 开始时间: 3:10, 结束时间: 4:00
持续时间: 50分钟 **(2)** 游泳 **(3)** 画画 **2 (1)** 露露从4:05开始写的作业。 **(2)** 艾玛从4:15开始写的作业。
(3) 查尔斯花了55分钟写作业。

第 41 页   **1** 40 ℃, 80 ℃, 80 − 40 = 40, 温度差是40℃。
2 10 ℃, 100 ℃, 100 − 10 = 90, 温度差是90℃。
3 15 ℃, 65 ℃, 65 − 15 = 50, 温度差是50℃。

第 43 页   **1** 18 − 8 = 10, 一袋胡萝卜的质量是5千克。

2

14 − 2 = 12
12 ÷ 2 = 6

滑板: 6千克
踏板车: 8千克

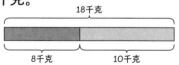

18 − 8 = 10
自行车: 10千克

第 45 页   **1** 30, 70, 70 − 30 = 40, 两杯水的体积差是40毫升。
2 90, 10, 90 − 10 = 80, 两杯水的体积差是80毫升。
3 80, 20, 80 − 20 = 60, 两杯水的体积差是60毫升。